ALBUMS *Quelle Histoire!*

Mission sur Mars

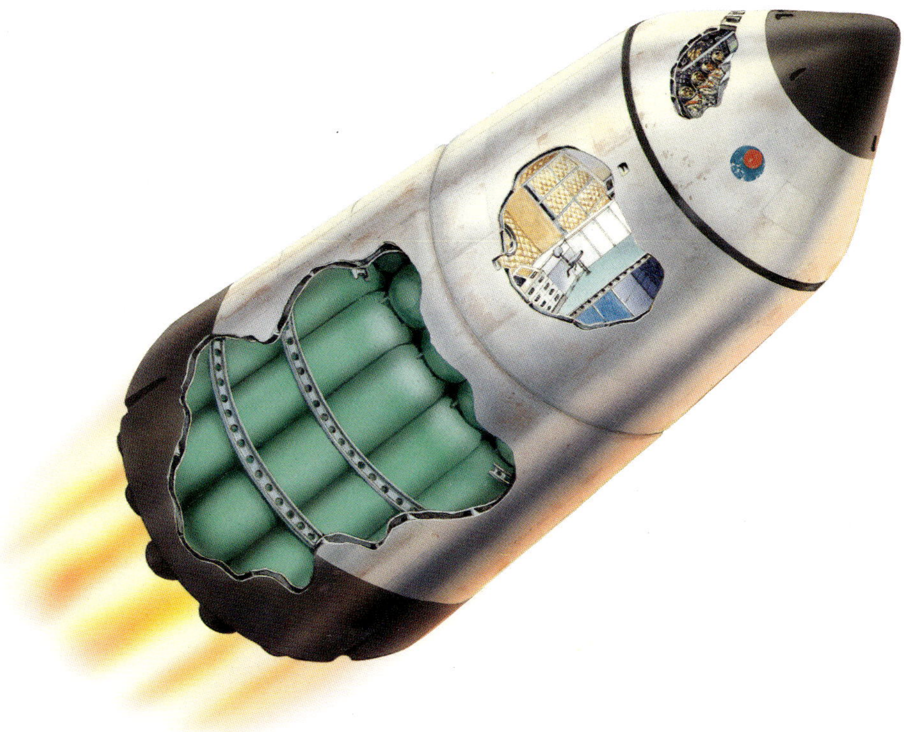

casterman

Sommaire

Introduction

Fais un effort d'imagination : tu es en l'an 2018. À des millions de kilomètres d'ici, à bord d'un vaisseau spatial en route pour la planète Mars. Et tu vas passer deux années et demie de ta vie en compagnie de quatre astronautes hautement qualifiés, dont la mission consiste à vivre et à travailler sur la Planète rouge, à se livrer à des expériences scientifiques de haut niveau, et à chercher des preuves de vie dans ce monde froid, solitaire et désolé...

L'histoire que propose cet ouvrage est un voyage. Un voyage à travers le temps. À chaque fois que tu tourneras la page, la date avancera de quelques heures, quelques semaines ou quelques mois. Chaque arrêt, au cours de ce voyage, est comme un nouveau chapitre de l'extraordinaire aventure que tu t'apprêtes à vivre. Les premiers jours à bord de la Station spatiale internationale, les mois passés à progresser à grande vitesse dans l'espace, l'atterrissage à la surface de Mars, l'émotion d'être le premier à poser le pied sur la Planète rouge, le déroulement de la vie quotidienne, la quête d'eau et de vie, le retour sur la Terre, autant d'étapes de l'histoire de la mission vers Mars. Quelle histoire !

Un mignon petit ours en peluche figure sur chacune des douze images de ce livre. Sauras-tu le retrouver partout ?

Utilise les onglets pour voyager dans le temps. Choisis l'épisode que tu souhaites vivre et ouvre la page. Ainsi, les comparaisons sont aisées d'un tableau à l'autre, même lorsque des mois se sont écoulés. Sur chaque illustration, une petite flèche nous rappelle l'époque exacte à laquelle on se trouve.

En 2018

Une activité fébrile règne dans la Station spatiale internationale, habitée par une équipe d'astronautes composée de deux hommes et deux femmes : le Russe Lev et le Chinois Dawei, l'Américaine Gail et la Pakistanaise Attiya. Dans quelques jours, ils vont prendre place dans le vaisseau spatial *Ares*. Destination la planète Mars. Des années d'entraînement, dont quelques semaines passées sur les glaces de l'Antarctique, les ont préparés à ce voyage extraordinaire.

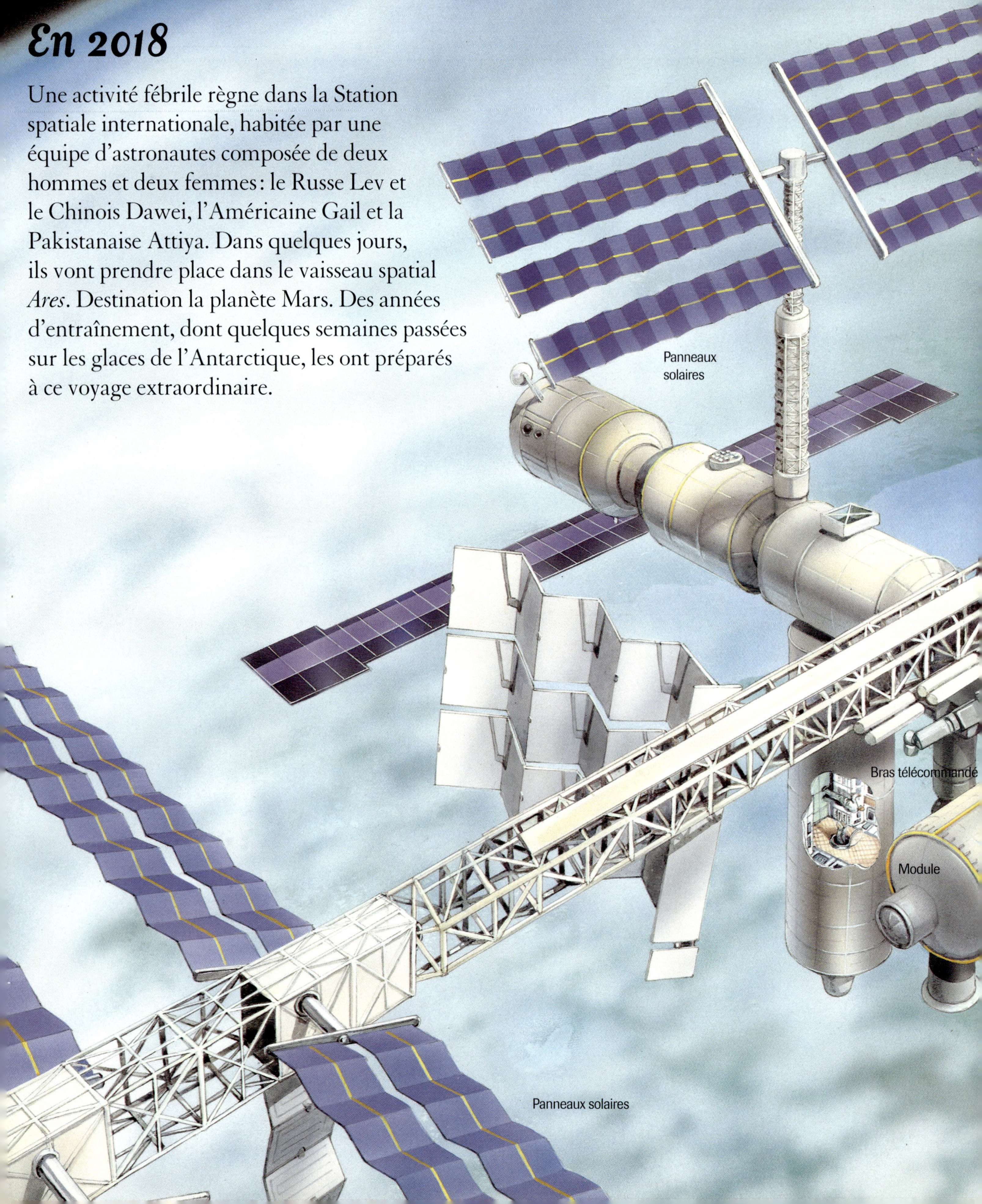

La Station spatiale internationale

En orbite permanente autour de la Terre, la Station spatiale internationale (ISS) dépend à la fois d'organismes américains, canadiens, japonais, russes et européens. Elle est formée de plusieurs modules reliés entre eux, constituant des espaces de vie et de travail. Des panneaux solaires transforment l'énergie solaire en électricité servant à alimenter la Station. Les astronautes effectuent des expériences scientifiques destinées essentiellement à l'étude du comportement des organismes vivants dans l'espace. L'ISS est dotée d'un port d'arrimage pour la Navette et d'une rampe de lancement pour les vaisseaux spatiaux.

Quelques jours plus tard...

Lev, le commandant du vaisseau spatial *Ares*, s'entretient avec la Mission de Contrôle, basée sur la Terre. L'équipage est prêt pour le départ. D'abord, *Ares* se sépare de l'ISS. Ensuite, ses moteurs-fusées sont mis à feu, et le vaisseau spatial entame son long périple vers Mars. Un voyage d'environ 450 millions de kilomètres. Même à la vitesse de 100 000 km/h, il durera au moins six mois.

La mission a été soigneusement programmée : en choisissant la configuration la plus propice de la Terre et de Mars, en orbite autour du Soleil, le voyage est le plus court possible. Ce qui réduit l'exposition des astronautes aux radiations nocives provenant à la fois des étoiles et du Soleil.

Bientôt, Lev coupe les moteurs. Ayant échappé à la force de gravité, *Ares* va poursuivre sa route jusqu'à ce qu'il atteigne l'atmosphère de Mars. Dans l'espace, il n'y a pas d'air pour ralentir sa course.

Panneau solaire
Zone de vie
L'équipage à
l'intérieur du poste
de pilotage

Deux mois plus tard...

Ares est désormais à des millions de kilomètres de la Terre. Pour communiquer par radio avec la Mission de Contrôle, il faut 40 minutes. Mais les astronautes n'ont guère le loisir de songer qu'ils sont loin de chez eux.
D'abord, ils ont dû s'accoutumer à l'apesanteur. Les premiers jours, Gail et Dawei ont été malades, mais leur entraînement leur a permis de se rétablir rapidement. Désormais, Gail trouve amusant de flotter. Dawei ajuste son appareil photo numérique à l'un des hublots afin de prendre une vue rapprochée de Mars. À cause de l'apesanteur, les os et les muscles s'affaiblissent, aussi les astronautes doivent-ils

faire beaucoup d'exercice. Pour garder la forme, Lev fait deux heures de course quotidienne sur le tapis roulant.

Les toilettes et les douches du vaisseau spatial sont conçues pour être utilisées en apesanteur. Eaux usées et déchets sont traités et recyclés.

Des ordinateurs dirigent les opérations. Ils veillent au bon fonctionnement de tous les appareils et, en cas d'urgence, peuvent même aider l'un des membres de l'équipage à effectuer une intervention médicale sur un autre.

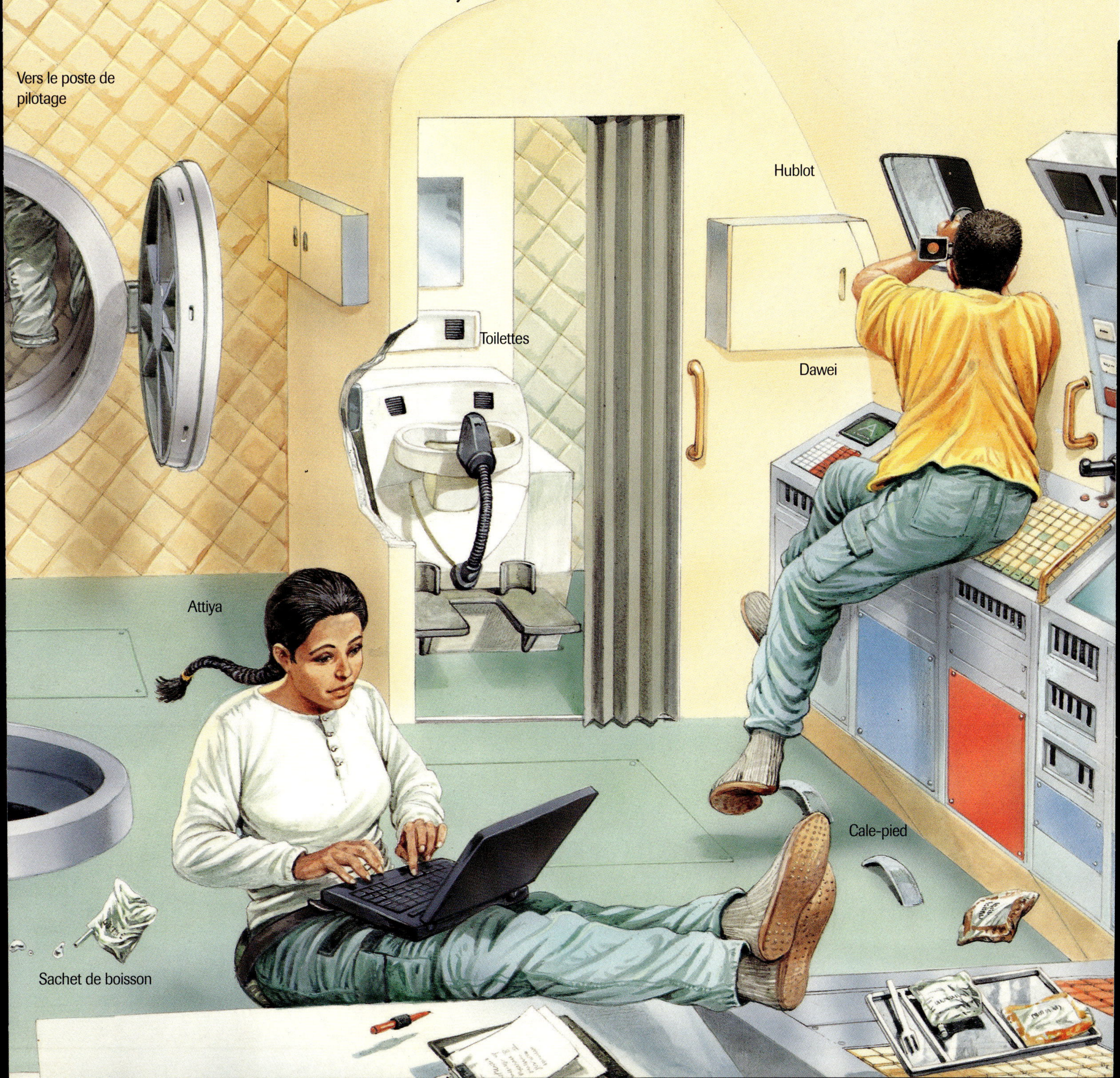

patiales en
e la planète
majeure
eignements
rs. Elles
hotographies
sur la Terre.

Quatre mois plus tard...

Ares et son équipage ont presque atteint leur destination. Ces dernières semaines, la Planète rouge s'est faite de plus en plus grosse à travers le hublot. Maintenant, elle s'étend devant les astronautes médusés. Avant d'atterrir, *Ares* doit ralentir. Protégée par un bouclier thermique, la base du vaisseau est pointée dans la direction de Mars. Puis, *Ares* pénètre dans l'atmosphère de la planète, plus dense que l'espace interplanétaire, ce qui ralentit le vaisseau spatial : ce phénomène porte le nom de freinage atmosphérique. Ensuite, *Ares* se met en orbite autour de Mars.

Lorsque le vaisseau a suffisamment perdu de sa vitesse, il largue son bouclier thermique, ouvre ses parachutes, puis descend en douceur vers la surface de la planète. De petites fusées sont mises à feu pour le diriger avec précision vers le site d'atterrissage approprié.

Mars, la Planète rouge

Mars est la quatrième planète à partir du Soleil et la troisième par ordre de grandeur décroissant. Sa couleur rouge est due à la poussière d'oxyde de fer (ce que nous appelons "rouille") qui la recouvre. Elle est balayée par de violentes tempêtes qui découvrent de vastes zones de roche sombre après leur passage. Des calottes d'eau glacée couvrent ses pôles. Son sous-sol renferme peut-être une couche de glace.

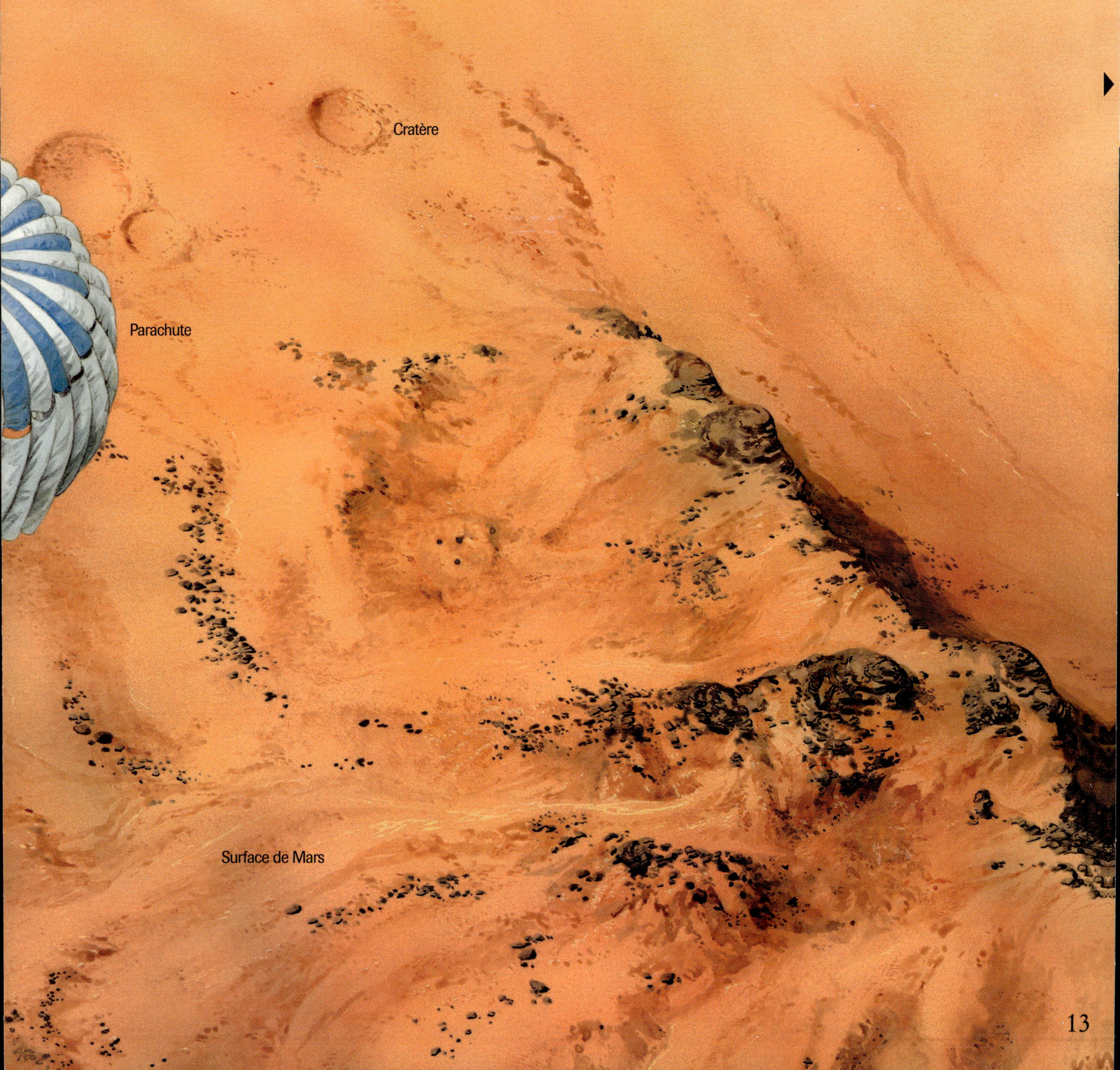

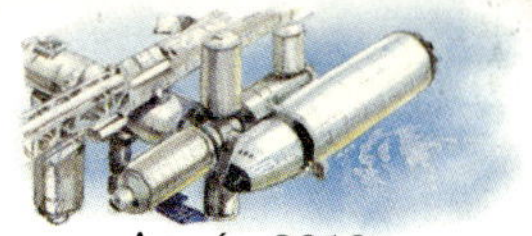
Année 2018

Quelques jours plus tard

Deux mois plus tard

Quatre mois plus tard

Avant l'arrivée sur Mars du vol habité *Ares*, en 2018, seule la Lune a été explorée. Le vol habité *Apollo 11* s'est posé sur la Lune en juillet 1969, faisant de l'astronaute américain Neil Armstrong le premier homme à marcher sur la Lune.

Le lendemain…

En regardant à travers le hublot, les quatre astronautes ont découvert une vaste plaine (peut-être le lit d'un fleuve disparu) bordée de lointaines collines. Partout, des rochers. Un véritable désert de pierres. Quelle excitation lorsque Lev a commencé à descendre la petite échelle qu'il avait déployée ! Et quand il a posé le pied sur le sol, il s'est adressé aux milliards d'hommes et de femmes qui regardaient la télévision, sur la Terre, pour leur dire combien cet instant était historique. Il était le premier homme à marcher sur une autre planète !

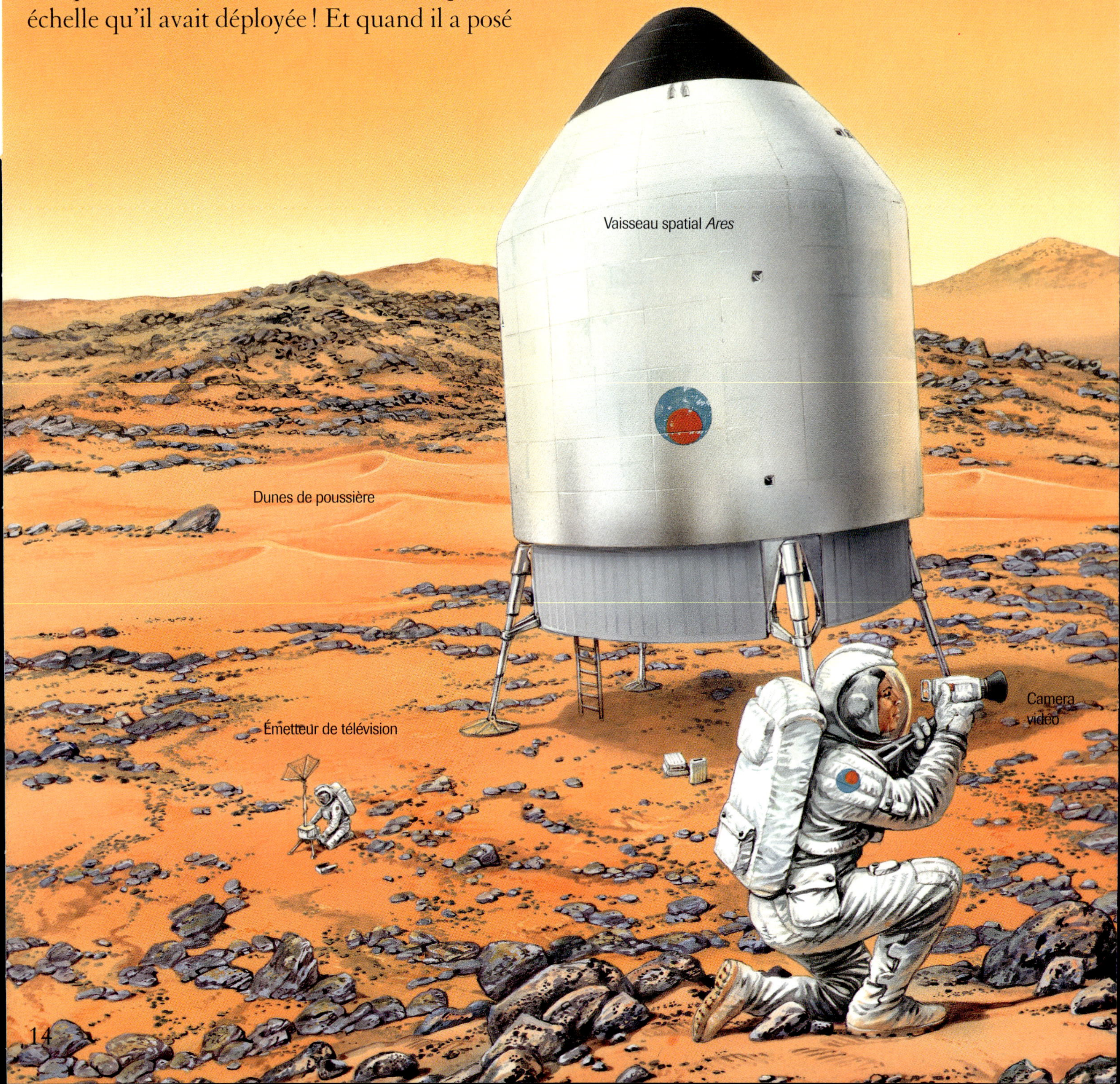

Ses compagnons partageaient son enthousiasme. Et maintenant, au travail ! Dawei installe un émetteur de télévision, Lev et Attiya plantent le drapeau de la planète Terre sur le sol de Mars, et Gail filme avec sa caméra vidéo.
Sur la planète Mars, la gravité est environ le tiers de celle de la Terre, aussi l'équipage se sent-il particulièrement léger. Mais il n'y a pas d'oxygène pour respirer et il fait extrêmement froid, ce qui oblige les astronautes à revêtir leur scaphandre spatial. Une épaisse poussière rouge recouvre le sol très compact.

Quelques heures plus tard...

La Jeep télécommandée transporte les astronautes vers le module d'habitation, situé à quelques kilomètres du site d'atterrissage d'*Ares*.

De même qu'un autre vaisseau spatial destiné à les ramener sur la Terre, appelé ERV, ce module a été déposé sur Mars quelques mois plus tôt par une mission inhabitée.

volcans de
nt sur une
pelée
Le volcan
s (mont
esse à
sus du
anète,
auteur de
surmonté
rge de
pte environ
mètre

Tous les déplacements sur Mars s'effectuent à bord de la Jeep télécommandée. Quel spectacle extraordinaire ! Vastes plaines, gigantesques volcans éteints, immenses canyons profonds se succèdent. Au loin, une tornade soulève des tourbillons de poussière.

Les canyons martiens

Un canyon aux parois abruptes, qui a été baptisé Valles Marineris, sillonne la planète Mars. Il est quatre fois plus profond que le Grand Canyon du Colorado et s'étend sur une distance qui équivaut à la largeur des États-Unis. Il s'agit d'un fossé d'effondrement de la croûte de la planète, survenu il y a des milliards d'années.

Année 2018

Quelques jours plus tard

Deux mois plus tard

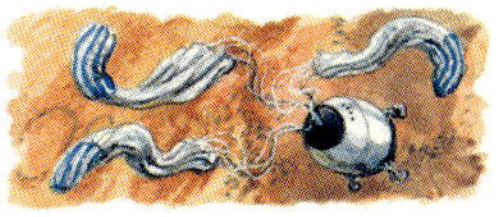
Quatre mois plus tard

Le lendemain

Quelques heures plus tard

C'est le cosmonaute russe Youri Gagarine (*ci-dessus*) qui a ouvert l'ère des vols habités dans l'espace, en 1961. Il a effectué son vol historique à bord d'une minuscule capsule cylindrique baptisée *Vostok 1* (*ci-dessous*). À l'approche de la Terre, un parachute s'est déployé pour l'atterrissage.

Quelques mois plus tard...

Comme on est bien, chez soi ! Les quatre astronautes goûtent au confort du module d'habitation, conçu pour rendre la vie aussi agréable que possible dans un monde hostile et froid. Dawei envoie des messages électroniques à ses proches afin de leur décrire la vie sur Mars. Le module d'habitation comporte un étage, constitué de quatre chambres, une salle de gymnastique, une salle de bain et un coin cuisine ouvert sur une salle commune. Même si l'équipe consomme essentiellement des produits conservés par congélation, préalablement envoyés sur Mars, elle apprécie les fruits et les légumes cultivés sur place *(voir page 21)*.
L'étage comprend également un laboratoire équipé d'appareils scientifiques sophistiqués. Des ordinateurs maintiennent une température constante et contrôlent le niveau d'oxygène et d'humidité à bord.
Un escalier central mène au rez-de-chaussée, composé d'un garage destiné aux véhicules (dont un modèle pour deux personnes) et d'une aire de stockage. À l'extérieur, une centrale transforme l'énergie solaire, fournissant l'électricité nécessaire.

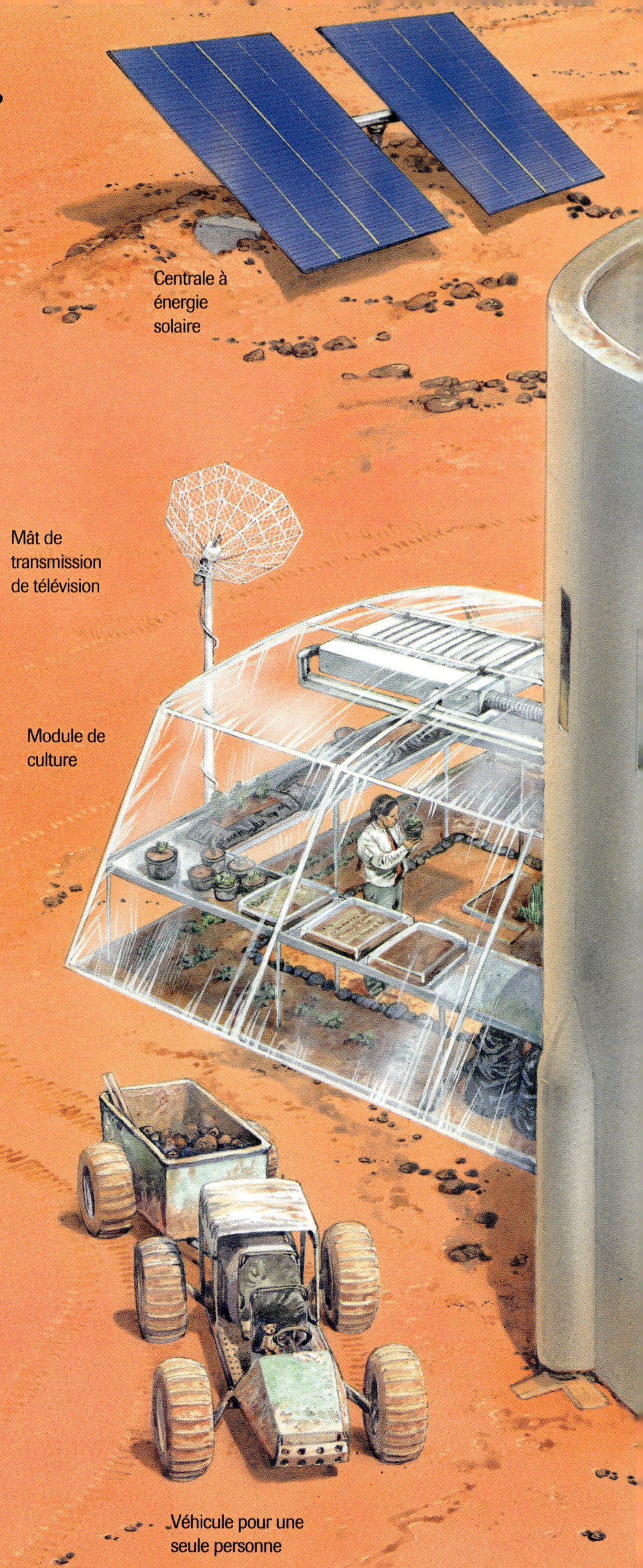

Année 2018

Quelques jours plus tard

Deux mois plus tard

Quatre mois plus tard

Le lendemain

Quelques heures plus tard

Quelques mois plus tard

On compte plus de 20 missions inhabitées vers Mars. 1975 a vu le lancement des deux sondes, *Viking 1* et *Viking 2*. Le module d'atterrissage de Viking a envoyé des images vers la Terre et analysé des échantillons du sol.

En 2003, à l'occasion d'un vol inhabité à destination de Mars, un petit véhicule d'exploration quittera le module d'atterrissage afin d'étudier les rochers voisins.

Encore quelques mois plus tard...

Attiya, Gail et Dawei travaillent dans le module-serre, constitué d'un voile de plastique transparent et résistant, relié au module d'habitation. À l'intérieur, ils cultivent des céréales tels le riz et le blé, ainsi que des légumes, tomates, laitues et oignons.
La culture de plantes comestibles permet à la fois de varier la nourriture et de conduire des expériences scientifiques intéressantes dans l'environnement hostile de Mars. Les colonies qui s'installeront sur la planète se nourriront peut-être ainsi.
La serre a été conçue de façon à recycler les gaz de déchets et la vapeur d'eau dégagés par les plantes. L'oxygène produit est ensuite acheminé par des tuyaux dans le module d'habitation, pour la respiration des astronautes, tandis que le dioxyde de carbone rejeté dans l'habitat est conduit dans la serre.

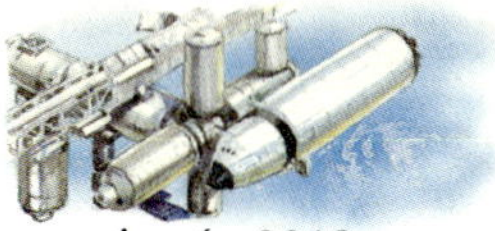
Année 2018

Quelques jours plus tard

Deux mois plus tard

Quatre mois plus tard

Le lendemain

Quelques heures plus tard

Quelques mois plus tard

Quelques mois plus tard

En 1996, des scientifiques ont trouvé ce qui pourrait être une forme de vie fossilisée, dans une météorite venue de Mars. Mais il s'est avéré par la suite que cet élément microscopique n'était qu'une formation dans la roche.

Pour les scientifiques, la recherche de la vie sur les autres planètes du système solaire, dont Europe, l'un des satellites de Jupiter, fait l'objet d'un intérêt particulier. En effet, sa surface, recouverte de plaques de glace, présente des fissures, ce qui conduit à penser qu'elle abrite peut-être un océan d'eau chaude offrant des conditions propices à une forme de vie primitive.

Quelques semaines plus tard...

L'équipage est très occupé à effectuer expériences et prélèvements, le but essentiel de la Mission vers Mars consistant à recueillir le maximum d'informations sur cette planète. Des scientifiques dirigent les travaux par liaison radio depuis la Terre.

Les sondes spatiales inhabitées et autres appareils d'observation ont fourni de précieux renseignements aux scientifiques, mais seule une mission habitée peut leur donner toutes les réponses souhaitées. Jusqu'ici, aucune évidence de vie, passée ou présente, n'a été décelée sur la Planète rouge. De même, l'eau liquide, essentielle à la vie, n'y a pas laissé de trace.

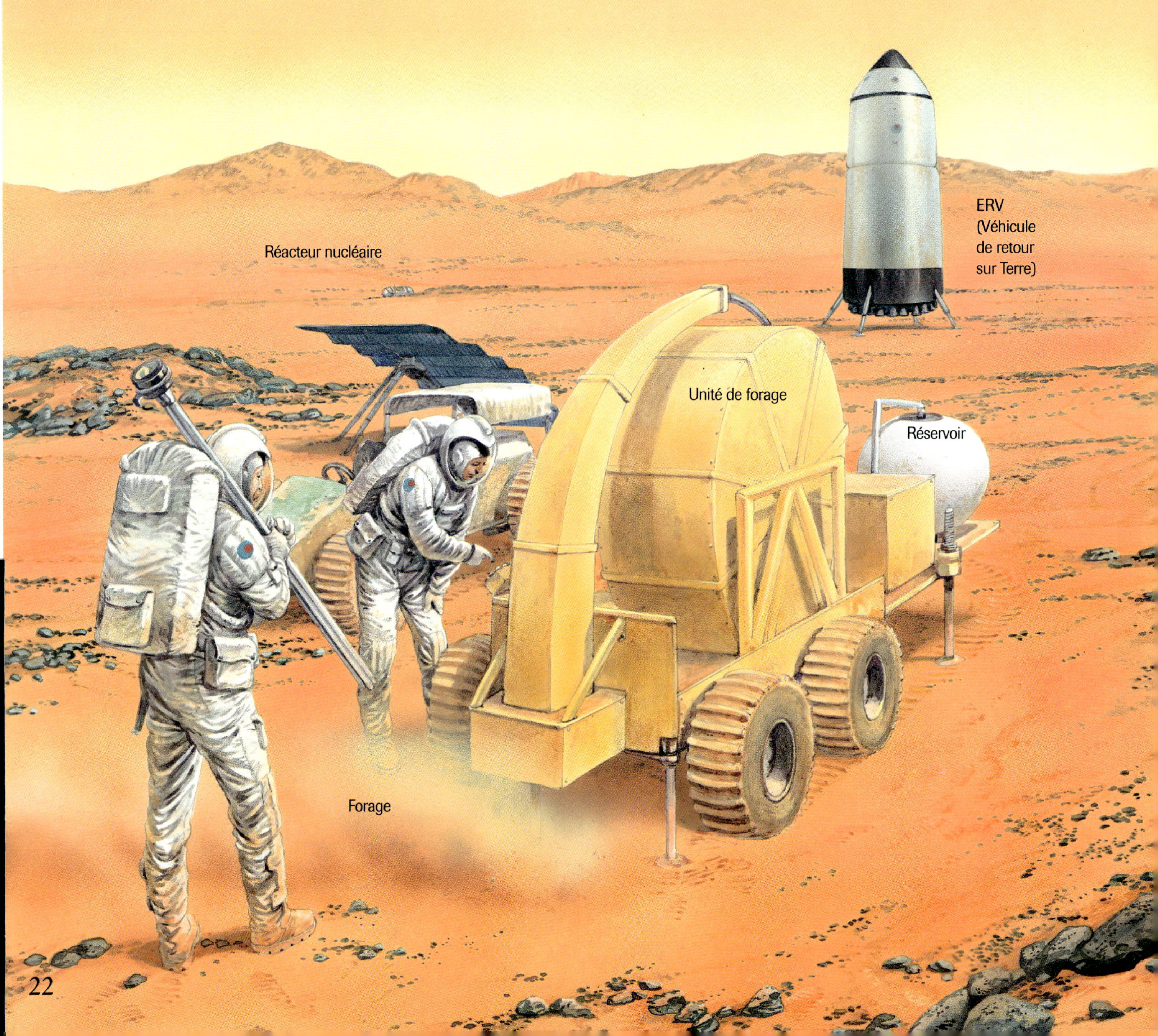

Au cours de leurs nombreux déplacements sur le sol de Mars, les astronautes n'ont pas trouvé d'eau liquide. Le sous-sol en contient-il ? Afin de le vérifier, Lev et Attiya utilisent une unité de forage. Pendant ce temps, Dawei collecte des échantillons sur un rocher. Dans un bloc de roche, Gail pense avoir découvert un fossile.

L'eau sur Mars

Les contours de petits lits de rivière et les strates des rochers, identiques à ceux que l'on trouve sur la Terre, ont convaincu les scientifiques que l'eau coulait autrefois sur Mars. Ils supposent qu'il y a très longtemps, la température de la planète était plus élevée, ou que de l'eau a pu jaillir du sous-sol et se répandre sur de vastes surfaces. Les découvertes récentes de certains éléments du paysage laissent penser que de l'eau liquide monte toujours du sol. Et là où il y a de l'eau, une forme de vie peut exister...

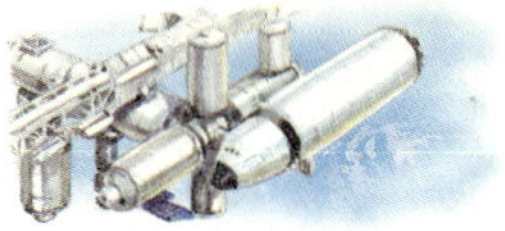
Année 2018

Quelques jours plus tard

Deux mois plus tard

Quatre mois plus tard

Le lendemain

Quelques heures plus tard

Quelques mois plus tard

Quelques mois plus tard

Quelques semaines plus tard

L'invention du moteur-fusée a permis au vaisseau spatial de se déplacer dans l'espace. Un moteur à réaction ou à essence a besoin d'air pour assurer la propulsion, tandis qu'une fusée est propulsée par la force d'expansion du gaz d'échappement résultant d'une combustion. En 1926, le scientifique américain Robert Goddard (*ci-dessus*) a inventé une fusée qui brûlait du carburant liquide.

La puissante fusée *Saturn V* a été utilisée pour le lancement des missions du programme Apollo, destination la Lune. Elle mesurait 111 m de haut. Ce croquis en coupe montre les moteurs et les réservoirs.

Destination la Terre...

Voici 500 jours que les astronautes vivent sur Mars. Malgré un environnement désertique et glacial, dans un silence que rompt seulement le grondement des tempêtes de poussière, ils se sont parfaitement habitués à leur vie. Mais le moment du retour sur la Terre est arrivé. Les dernières semaines ont été consacrées aux préparatifs de la partie la plus délicate de l'expédition, l'instant où le ERV décollera de la surface de Mars, destination la Terre. L'équipage vérifie que le niveau de carburant des moteurs est suffisant pour placer le vaisseau spatial en orbite autour de Mars, puis le diriger vers la Terre. Ils s'assurent également que les systèmes informatiques de bord fonctionnent parfaitement. Puis ils montent à bord du ERV, appelé *Gaia*, du nom grec de la Terre, et prennent leur position respective dans le module de commande. La Mission de Contrôle leur donne le signal du décollage. Lev active les moteurs et *Gaia* est mis à feu. Au grand soulagement général, la montée se déroule parfaitement. Les astronautes sont sur le chemin du retour.

Fabriquer du carburant

Toute future mission habitée à destination de Mars a besoin de carburant pour le retour. Ce carburant peut être envoyé avec le ERV et stocké à la surface de la planète, une opération aussi coûteuse que délicate, ou être fabriqué sur place. Dans ce cas, une mini-centrale nucléaire produit du méthane et de l'oxygène (carburant idéal pour les fusées) à partir d'hydrogène préalablement envoyé de la Terre, et du gaz carbonique de l'atmosphère de Mars.

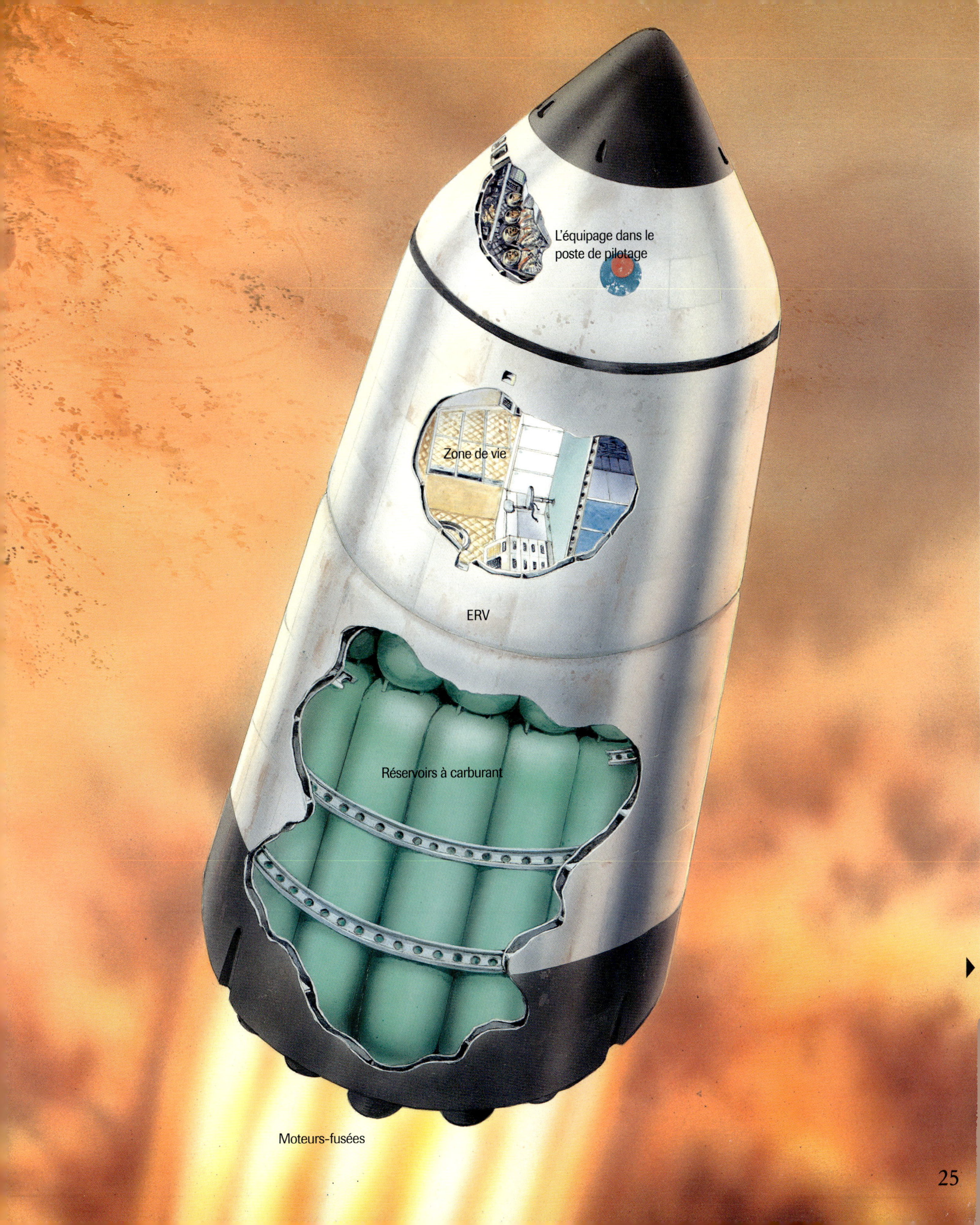
L'équipage dans le poste de pilotage
Zone de vie
ERV
Réservoirs à carburant
Moteurs-fusées

Année 2018
Quelques jours plus tard
Deux mois plus tard
Quatre mois plus tard
Le lendemain
Quelques heures plus tard
Quelques mois plus tard
Quelques mois plus tard
Quelques semaines plus tard
Destination la Terre

Six mois plus tard...

Le voyage de retour de *Gaia* sur la Terre s'est déroulé sans incident. Les astronautes ont été très occupés, toutes les chaînes de télévision du monde entier leur consacrant l'essentiel de leur programme. Ils ont également échangé des milliers de courriers électroniques sur Internet. Maintenant, le moment tant attendu, l'atterrissage et les retrouvailles avec leur famille, est imminent.

À l'approche de la Terre, l'équipage prend place dans EEC (Capsule d'entrée vers la Terre), située dans le nez de *Gaia*. Le reste du vaisseau spatial, dont les moteurs-fusées et l'habitat des cosmonautes, est largué dans l'espace.

À environ 120 kilomètres de la Terre, EEC réintègre l'atmosphère terrestre. Les frottements causés par la vitesse du vaisseau spatial dans l'air produisent une chaleur intense, mais grâce à la protection du bouclier thermique tout se déroule normalement. Enfin, presque deux ans et demi après son décollage, EEC amerrit en plein océan. Mission accomplie !

Les premières fusées destinées au lancement des missions spatiales ne pouvaient être utilisées qu'une seule fois. Lancée en 1981, la Navette spatiale américaine est le premier vaisseau de l'espace pouvant être réutilisé. Lors de son lancement, elle est fixée à un énorme réservoir à carburant et à deux boosters qui seront largués lorsque tout carburant aura été épuisé. Une fois en orbite, la Navette peut libérer des satellites dans l'espace grâce à son bras télécommandé. Ensuite, elle revient sur Terre.

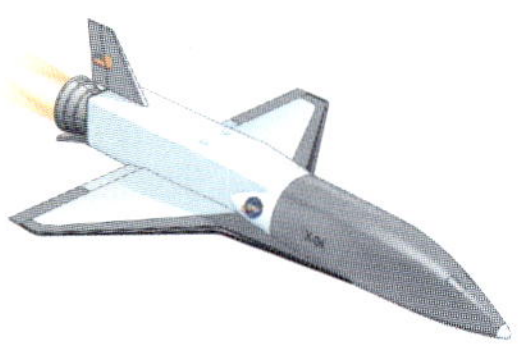

On envisage la construction d'un avion spatial, plus perfectionné et beaucoup plus sûr que la Navette.

L'équipage à
l'intérieur du poste
de pilotage
EEC
Océan

Année 2018
Quelques jours plus tard
Deux mois plus tard
Quatre mois plus tard
Le lendemain
Quelques heures plus tard
Quelques mois plus tard
Quelques mois plus tard
Quelques semaines plus tard
Destination la Terre
Six mois plus tard

Certains scientifiques avancent qu'il y aura un jour des camps permanents sur Mars *(ci-dessus)*. Le trajet de la Terre à la Planète rouge ne sera plus qu'une simple routine. Lorsque l'homme aura réussi à rendre l'environnement martien mieux adapté à la vie, il pourra y construire de véritables cités. Et dans un lointain futur, des millions de gens quitteront la Terre pour parcourir d'énormes distances dans l'espace à bord de gigantesques vaisseaux spatiaux ultrarapides *(ci-dessous)* afin de coloniser une nouvelle planète.

Quarante jours plus tard…

Peu après l'amerrissage de ECC, dont la descente a été ralentie par un parachute, les astronautes ont été recueillis par un hélicoptère et transférés dans un laboratoire, pour une mise en quarantaine. Là, des médecins ont effectué des contrôles précis afin d'identifier les virus ou autres microbes qu'ils auraient éventuellement pu attraper sur Mars. L'équipage a également récupéré, après les désagréments causés par l'apesanteur.
Les quatre astronautes peuvent enfin affronter journalistes et caméras de télévision. Lev brandit un morceau de roche martienne, qu'il a rapporté sur Terre. Déjà, Lev, Gail, Qawei et Attiya sont assaillis de questions venues du monde entier.

Avez-vous découvert quelque indice prouvant que la vie a existé sur Mars ? Avez-vous trouvé de l'eau liquide ? Avez-vous rencontré une forme de vie actuelle, sur la Planète rouge ? Seule la première mission habitée vers Mars, sans doute dans une quinzaine d'années, te permettra de répondre à toutes ces interrogations !

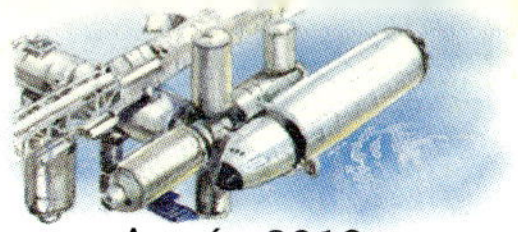
Année 2018

Quelques jours plus tard

Deux mois plus tard

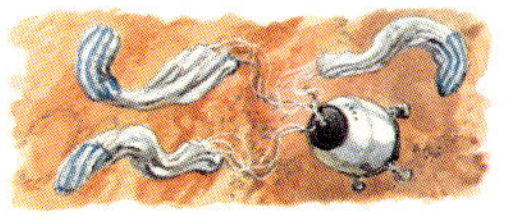
Quatre mois plus tard

Le lendemain

Quelques heures plus tard

Quelques mois plus tard

Quelques mois plus tard

Quelques semaines plus tard

Destination la Terre

Six mois plus tard

Quarante jours plus tard

Glossaire

Apesanteur
Disparition de la force d'attraction terrestre, notamment à l'intérieur d'un engin spatial.

Arrimage
Système de fixation solide d'un objet à l'autre.

Astronaute
Dit aussi cosmonaute. Individu qui voyage dans l'espace, comme pilote ou passager d'un engin spatial.

Atmosphère
Couche gazeuse qui enveloppe une planète, un satellite ou une étoile.

Canyon
Vallée étroite et profonde aux parois verticales, qui peut témoigner de la présence ancienne d'eau dans des paysages aujourd'hui désertiques.

Fossile
Empreinte de plante ou d'animal qui a été conservée dans la roche.

Freinage atmosphérique
Système de ralentissement d'un vaisseau spatial qui utilise l'atmosphère d'une planète, plus dense que l'espace interplanétaire.

Gravité
Force qui attire tous les objets les uns vers les autres. Plus la masse d'un objet est importante et plus grande sera sa force de gravité.

Météorite
Bloc de matière provenant de l'espace qui tombe sur la surface d'une planète ou d'un satellite.

Méthane
Gaz inodore et incolore ; c'est le constituant principal du gaz naturel. Il peut être utilisé comme carburant.

Moteur-fusée
Moteur particulièrement puissant qui permet à un engin spatial (fusée, navette, module...) de pénétrer dans l'espace.

Orbite
Trajectoire suivie par une planète, une étoile, un satellite autour d'un corps massif. Par exemple, la Lune est en orbite autour de la Terre.

Panneau solaire
Installation qui récupère et emmagasine l'énergie solaire afin de la transformer en électricité.

Planète
Corps céleste dépourvu de lumière propre qui gravite autour d'une étoile dont il reflète la lumière.

Quarantaine
Isolement imposé à une personne ou à un animal pour éviter tout risque de contagion.

Radiation
Transmission de lumière, de chaleur ou de toute autre forme d'énergie à travers l'espace.

Satellite
Astre qui gravite autour d'une planète. Le mot désigne également un engin mis en orbite par l'homme autour de la Terre.

Sonde spatiale
Engin spatial envoyé par les scientifiques, guidé depuis la Terre, pour explorer l'espace ou s'approcher d'une planète.

Station spatiale
Engin spatial permanent, en orbite autour de la Terre, à bord duquel une équipe d'astronautes peut séjourner, effectuer des expériences et préparer d'autres voyages dans l'espace.